步印
地理

小猛犸童书

有趣的地理知识又增加了

这就是山脉

郑利强 / 主编　李冉 / 著　段虹 梁顺子 / 绘

电子工业出版社

Publishing House of Electronics Industry

北京·BEIJING

前言

　　《有趣的地理知识又增加了》丛书为地理科普读物，面向儿童介绍了地图、山脉、地形、地震、河流、火山、方位与方向等地理相关知识，插图精美、内容丰富，逻辑性强。该套丛书深入浅出，以儿童的视知觉为基点，充满童趣的漫画角色将枯燥、深奥的地理学科专业知识架构逐一呈现，循序渐进。此外，书中以游戏提问的方式，引导儿童带着问题阅读，具有较强的启发性，利于小读者增加对地理学科的兴趣，提升其自学能力及探索精神，这是一套非常适合学龄儿童的科普游戏读本。

西南大学 地理科学学院教授 杨平恒

你一定见过物理化学的实验，但你听说过用地理知识来做的游戏吗？这也我第一次见到，有人居然将有趣的游戏与地理知识巧妙地融合在一起。作者大胆的奇思妙想结合有趣的画风，把平时看似枯燥的地理知识用一个接一个的小游戏表达出来，让人看过之后，欲罢不能。本书真正从儿童互动式的游戏角度，完成了地理这门通识类学科从高高在上的学科知识到儿童启蒙的真正跨越，令人大开眼界。从一个读者的角度来看，不得叹服作者的神来之笔。是一套值得推荐给小朋友的真正佳作。

全网百万粉丝地理学习短视频博主
"小郭老师讲地理"创作者 郭帅

地理学是一门包罗万象的学科。日月星辰、风雨雷电、江河湖海、山石水土……我们身边的各种自然现象与环境，都是地理学所关注的对象，也都和我们的生活密不可分。《有趣的地理知识又增加了》系列共八册，对8个最具代表性的地理主题进行了有趣而深入的解读。书中文字生动而准确，绘图精细而有趣，图文巧妙结合，将深奥的地理知识以最适合孩子的方式呈现出来。特别设计的问答环节更能激起孩子的求知欲与好奇心。相信这套书能带领小读者走进地理的世界，获得丰富的知识，掌握地理的技能，更享受到地理的趣味与探索未知的快乐。

山原猫探索联合创始人 北京四中原地理教师
朱岩

小步和他的朋友们

小伙伴们大家好！我是你们的老朋友——小步，我是一只很多人都看不出来的小青蛙，呱~

这是我们的班主任绵羊老师，她年轻又漂亮。

这是我们的猫头鹰老师，他睿智又博学。

这次我还带来了一些新朋友。以后我们可以一起去玩耍、游戏、探险！

大家好！我就是超级无敌可爱的龟宝宝，我的壳一点儿都不重，哈哈！不信，我转个圈给你们看。

嘿嘿，我就是无人不识、无人不爱的"国民宝贝"大熊猫，其实我一点儿都不肥，我健步如飞。

呃……到我了……我是考拉，我是从外国来的，我还有一个名字，叫树袋熊。我……我爱睡觉，不爱喝水，不过，这是不对的，你们……你们可别学我，嗯……很高兴认识你们。

哈哈，我是头上有犄角的小鹿呀，我今年8岁，是东北的，所以，没事儿别老瞅我。

大家好！我是黑夜精灵——蝙蝠大侠，我昼伏夜出，所以你们很少见到我，请珍惜和我见面的每一次机会吧，放心，我不会伤害你们的。

咳咳，你们好！我是站得高所以看得远的鸵鸟哥哥，请注意我的性别，我可不会下蛋，你们就别惦记啦。望远镜倒是可以借你们用用，先到先得哦！

大家好！我是小鳄鱼，你们不要怕，其实我也是一个宝宝，我虽然长得丑，但是我很"温柔"。我爷爷的爷爷的爷爷的爷爷的爷爷……，就已经在地球上生活了，比人类朋友还早。

终于轮到我了，我是大耳朵、长鼻子的小象。我是小伙伴们的游戏宝库，就数我点子最多，快来找我玩吧！

目 录
CONTENTS

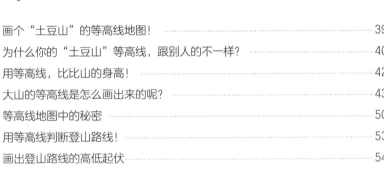

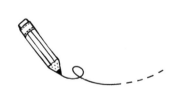

认识大山朋友

认一认，什么是山？

你一定爬过山，你爬过的山是什么样子的？中国有很多很特别的山，小步给这些山涂上了他想象中的颜色，请你也来为这些山涂上颜色吧！

广西月亮山

广西象鼻山

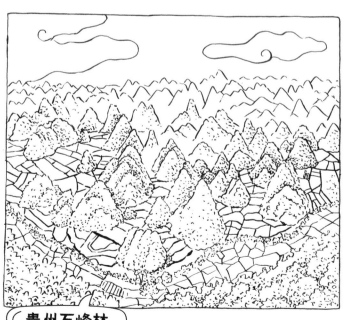

贵州万峰林

湖南天门山

甘肃兰州天斧沙宫

认识大山的身体 1——
山峰、山脚、山腰

就像人身体的部位有头、腰、脚等不同的名字一样，山的不同部位也有不同的名字。一座山最高的地方我们通常叫山峰（或者山顶），最低处叫山脚，中间叫山腰。

上图里，我们看到小步、小鳄鱼和鸵鸟哥哥去爬山了，他们分别在大山的哪里？完成下面的填空。

1. 小鳄鱼在_____看风景。

2. 小步还没爬到山顶，他走到了_____。

3. 鸵鸟哥哥在_____休息。

写作业或者看书时，爸爸妈妈会经常说："坐直！不要驼背！"这时候我们就要把脊背挺得直直的，因为正是脊背支撑着我们的上半身。山也有支撑着自己的"脊背"，人们叫它山脊。山脊两边是斜向下的斜坡。从远处望向山，你能看到曲曲折折的线，那条线叫山脊线。

和我的脊背很像！

大山也会"手拉手"

就像你喜欢和好多朋友一起玩一样，大多数的山也都喜欢挤在一起，它们经常会"手拉着手"，形成一个"V"字形的低凹处，人们把它叫山谷。因为山谷比周围低，山上流下来的溪水都会汇集到山谷处。

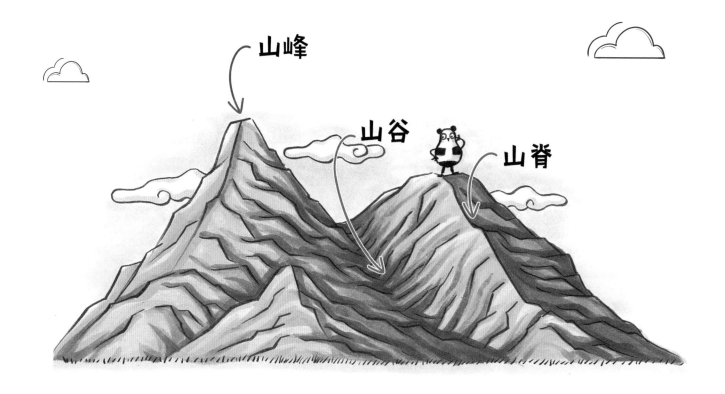

大熊猫去爬山了，他爬着爬着口渴了，想找水喝。你知道他沿着山的哪个部分走就能发现水源吗？

A. 山峰

B. 山脊

C. 山谷

大山也会"肩并肩"

两山之间不仅会"手拉手",有时还会"肩并肩",这时候它们之间就会形成一种像马鞍一样的缓坡,人们把山的这个地方叫鞍部。

鞍部

马鞍

17

小步爬山队为爬过的每个地方插了一面旗子，他们走过的顺序是：

A. 山脊——鞍部——山峰——山谷

B. 鞍部——山脊——山峰——鞍部

C. 山峰——山脊——鞍部——山顶

D. 山脊——山谷——山峰——山脊

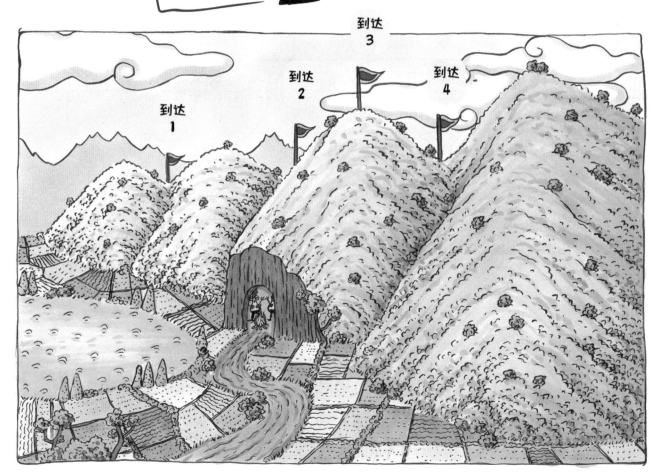

如果小步一直沿着山谷走，
走到顶端是山的哪个部分？

A. 山脊   B. 鞍部

找找你的 "拳头山"！

山峰、山脊、山谷和鞍部……这些名字是不是有点难记？不要着急，有一个简单的办法可以让你迅速地了解它们：伸出你的一只手，把它握成拳头，我们给它起个名字叫 "拳头山"。

你能找到这座 "拳头山" 的山峰、山脊、山谷和鞍部吗？

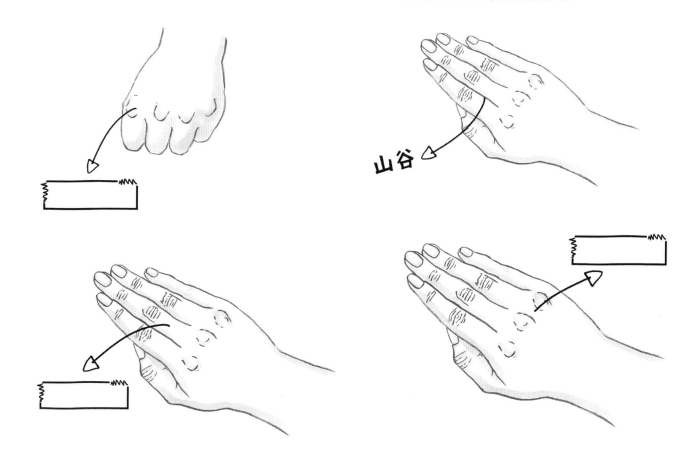

山谷

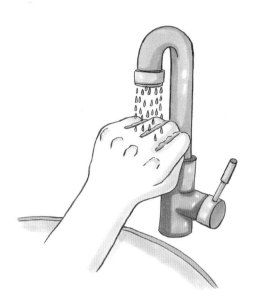

向"拳头山"的"山顶"处洒些水，水一定会汇合到哪里？

A. 手的"山脊"处

B. 手的"山谷"处

C. 手的"山峰"处

小步住的小区里有一座漂亮的假山，你能在这座假山上找到山峰、山脊和鞍部吗？

山和海要比身高?

新的一年到了，小步要和他的朋友们比一比今年谁最高，他们应该怎么办呢?

最简单的办法，就是把他们叫到一起，站成一排比一比就知道了。

上图中，站在一起比比龟宝宝、大熊猫、小步、小鳄鱼、小象、绵羊老师和考拉，他们到底谁最高?

A. 龟宝宝 B. 大熊猫 C. 小鳄鱼 D. 小步
E. 考拉 F. 绵羊老师 G. 小象

可是，如果大熊猫没在家，考拉和绵羊老师去旅行了……大家都不在一起，该怎么比身高呢？小步正好要去找这些朋友们玩，让他们都和小步比一比，就知道每个人的高度了。

不算小步的头发，我比小步高3厘米。

我比小步高4厘米。

我比小步高5厘米。

根据上面的对话，你知道小步、大熊猫、小鳄鱼和绵羊老师谁最高吗？

A. 小步　　　　　　B. 大熊猫

C. 小鳄鱼　　　　　D. 绵羊老师

海拔

世界上有很多很多山，山和山之间相距很遥远。山不会走路，也没有巨人拿着像山一样高的尺子去量高度，我们怎么来比较山与山之间的高低呢？

上一页的例子中，以小步作为参照物就可以比较不在一起的人的高矮。我们能不能为山也找一个参照物呢？答案是：可以。人们找到了一个非常合适的参照物——海平面。

地球上的海洋面积占地球总面积的71%，陆地被大海包围着。只要把所有的山和海平面比一下，不就知道谁最高了吗？人们就是用这样的方式来测量各地山的高度的。而山比海平面高出来的高度，我们叫海拔。

海拔

大熊猫和他的朋友们去登山，终于登上了山顶。这座山的海拔有多高？

A. 2500 米

B. 3500 米

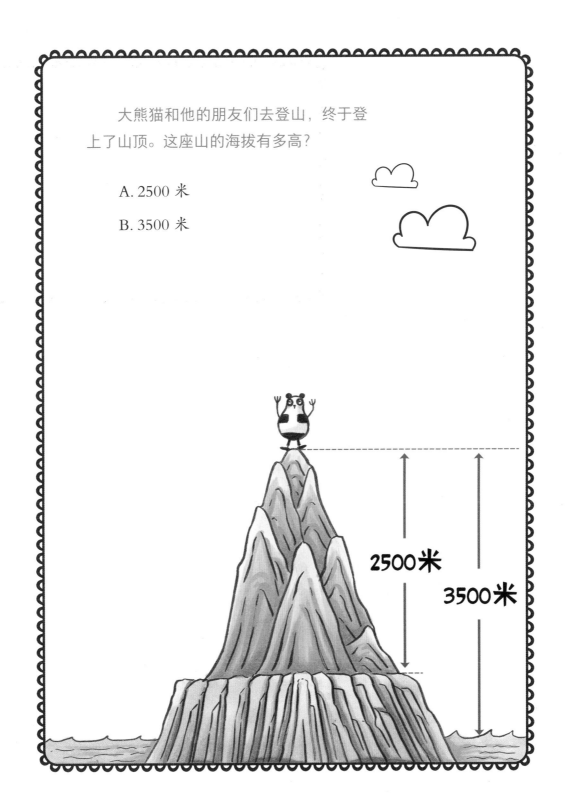

2500米

3500米

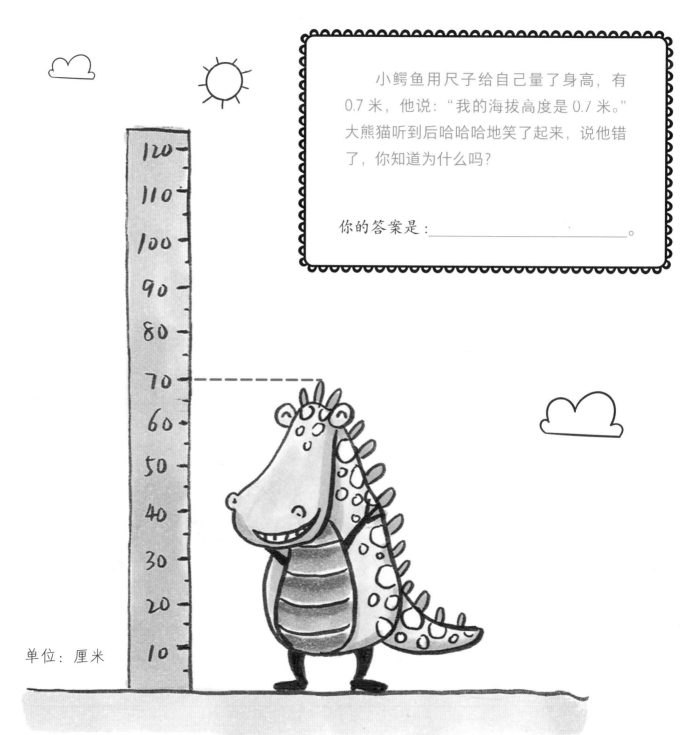

小鳄鱼用尺子给自己量了身高，有0.7米，他说："我的海拔高度是0.7米。"大熊猫听到后哈哈哈地笑了起来，说他错了，你知道为什么吗？

你的答案是：_____。

120
110
100
90
80
70
60
50
40
30
20
10

单位：厘米

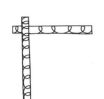

怎么给山量身高?

哪怕是最低的山都无法用尺子来丈量,天地间没有那么长的尺子。那我们怎么知道山的高度呢?有一些工具可以帮助我们——水准尺和水平测量仪。

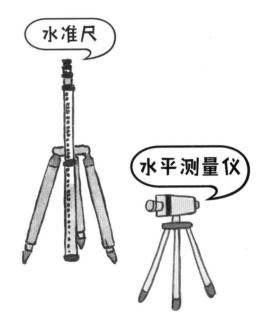

水准尺

水平测量仪

它们的工作原理和我们的眼睛相似。如果我们的身体站直,头、眼睛保持不动,目光延伸出去的地方,高度是一样的。

它们的高度都一样!

水平测量仪就是利用这个原理，帮我们测量不同地点的高度。下图中，我们想测量 B 点比 A 点高多少，需要三步：

步骤1

水平测量仪负责找到空间中高度相同的地方，在下图中就是 M 点和 N 点，它们对应的地面是 A 和 B。

步骤 2

水准尺负责测量出这两点与地面的高度 a 和 b。

如果
从海平面开始，一段
一段测量，把这些高度差相
加，即使距离很远，我们也能
得到一座山与海平面之间
的高度差——海拔。

步骤 3

a 和 b 高度相减，就是 B 点比 A 点高的距离。

是不是想要知道一座山的海拔，就要从海平面开始用水平测量仪量起呢？那离海很远的山，这样一步一步量岂不是非常麻烦？别担心，人们在陆地上找到了一些和海平面高度差不多的地方，从这些地方测量起，就会方便很多。

●中国的海拔零点在青岛市东南中路银海大世界内

●西藏拉孜也有测量零点

随着科技的进步，我们除了可以一段一段地测量，还可以用 GPS，或者使用雷达经过复杂精密的运算，来得到一座山的海拔，是不是很方便？

认识我们家附近的山

现在，你可以通过山峰、山脚、山谷……还有海拔来认识一座山了。想不想去认识你家附近的山呢？

一起来完成下面的调查吧！

离我家最近的山的名字叫_____，它的海拔是_____。

在地图上，
怎么表示山有多高？

奇怪的
地图

小步收到他朋友的一封邀请函，朋友想和他一起去爬一座山，这座山小步以前没有去过。随信还寄来了一张全是线的奇怪地图，小步爸爸说这张图上有这座山的许多信息，你能和小步一起研究一下吗？

我们的登山路线

爸爸说这种地图上那些密密麻麻的线叫作等高线，这是一种神奇的线，从这些线可以看出山的高低，以及山脊和山谷的位置。爸爸还拿出了一个土豆，说可以给土豆画出它的等高线来。让我们一起来为"土豆山"画等高线地图吧。

给"土豆山"画等高线！

步骤一：准备半个土豆，想象它是一座山。

步骤二：量出土豆的高度，把这一高度平均分成三份，并在土豆表面画上线。再沿着这三圈线把土豆切成厚度（高度）相同的三块。

步骤三：将土豆摞起来，用一根废弃的筷子沾上墨水，从"土豆山"的最高处，垂直向下插到底。

步骤四：筷子穿过土豆会在纸上留下一个黑点，从"土豆山"的最高处开始，在土豆侧面画一条标记线，并在纸上也画上标记。

纸上的标记

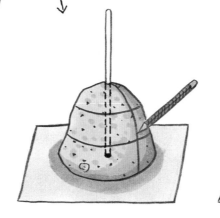

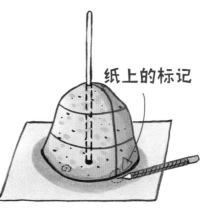

步骤五：将三个土豆切片的外轮廓依次描绘在白纸上。每次要确保土豆上的标记线和纸上的标记对齐，筷子对准中心的黑点。

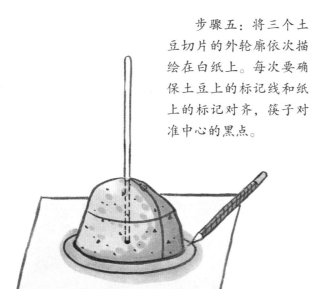

我们就绘制出了"土豆山"的等高线，像下图这样：

这是山峰

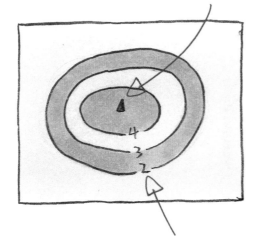

"土豆山"的等高线地图就画好了。

步骤六：在地图上，我们经常用"▲"表示山峰。请你给"土豆山"的等高线地图画上山峰（筷子戳中的黑点位置就是山峰），并且在等高线上标出高度。

数字表示这条线的高度，此处代表2厘米！

画个"土豆山"的等高线地图！

在这里画出你的"土豆山"等高线地图吧！

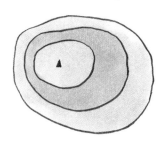

小步的"土豆山"等高线地图

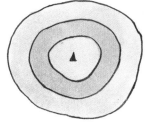

绵羊老师的"土豆山"等高线地图

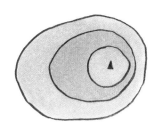

小鳄鱼的"土豆山"等高线地图

绵羊老师和小鳄鱼看到小步画的"土豆山"等高线地图，他们也学着画了一个。他们把"土豆山"等高线地图放在一起时，发现每个人画得都不太一样，这些"土豆山"等高线地图为什么会不同呢？

爸爸让他们各自拿出了自己的土豆，摆在自己的图前，仔细对比一下为什么会有不同。

所以，看看等高线地图，我们就知道哪边的登山线路更平缓。

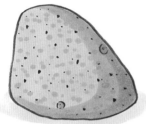

小步的土豆

绵羊老师的土豆

小鳄鱼的土豆

小步的土豆山往左斜，小鳄鱼的土豆山往右斜，绵羊老师的土豆山不偏不倚。原来土豆不一样，画出来的等高线地图就不一样。等高线越密集的地方，对应的土豆山地形就越陡；等高线越稀疏的地方，对应的土豆山地形就越平缓。

小步和小鳄鱼要去爬下面这座山，这里有两条登山线路，他们选择哪一条路线会更加轻松？＿＿＿＿

A.路线更轻松　　　　　B.路线更轻松

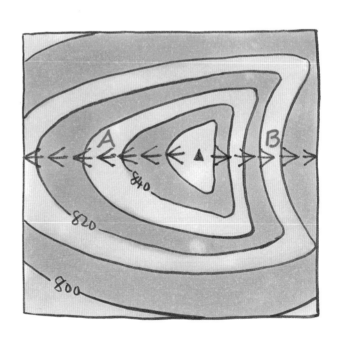

用等高线，比比山的身高！

下面是小步爬过的山的等高线地图。在这4幅图中，每幅图最外圈的等高线代表的海拔是一样的，相邻两条等高线的高度差也一样，仅仅通过看等高线地图，你能知道哪座山最高？哪座山最矮？哪座山最平缓吗？

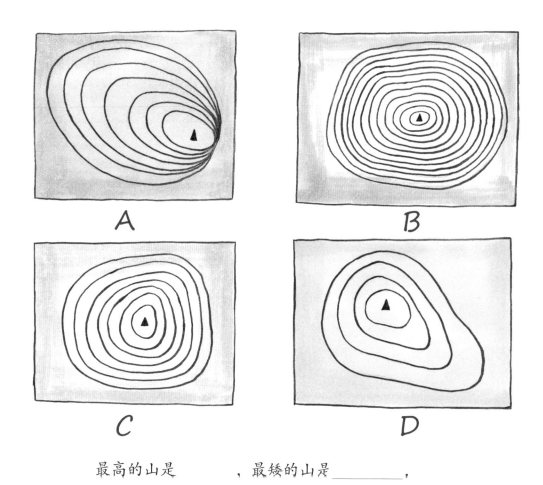

A

B

C

D

最高的山是＿＿＿＿＿，最矮的山是＿＿＿＿＿，
最平缓的山是＿＿＿＿＿，最陡的山是＿＿＿＿＿。

大山的等高线
是怎么画出来的呢？

现在你已经会画"土豆山"的等高线了，那真实的山的等高线是怎么画出来的呢？

和画"土豆山"的等高线地图的原理一样，科学家也会想办法把山"切开"。简单来讲一共有5步。

步骤一：找到山峰、山脚和山脊的位置，根据这些特征，科学家们能得到山的轮廓。

步骤二：测量出从山峰到山脚有多高。（专业测量人员会用 GPS 量出山有多高。）

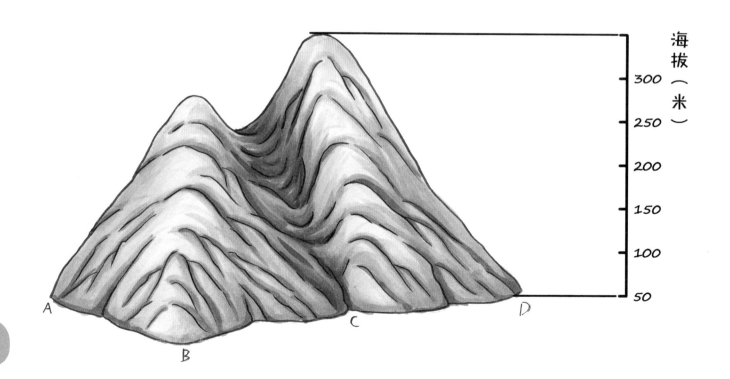

步骤三：就像切西瓜一样，想象有一把表面非常光滑、无限宽的刀片，从水平面开始，每隔50米（就像比例尺一样，这个可以根据需要选择一个合适的间隔数）把山从中间横着切开，将山切成一片一片的。

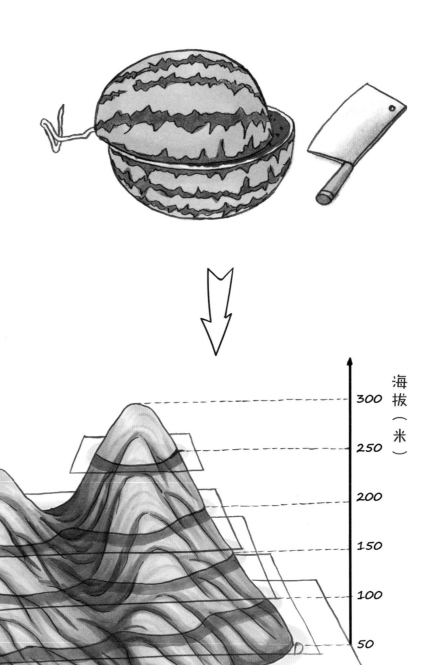

步骤四：切面的轮廓就是这座山在切面高度的等高线。

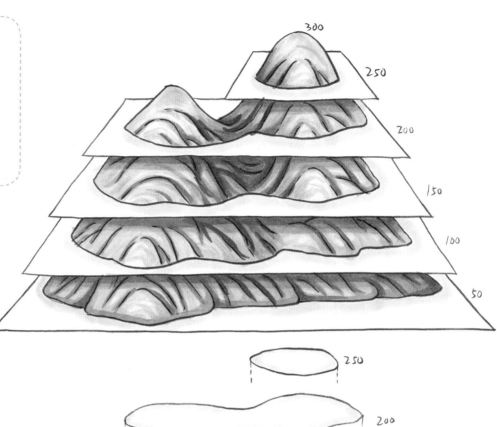

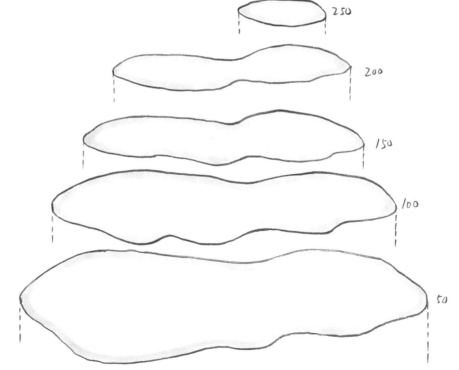

步骤五：将这座山上代表不同高度的等高线都画出来，就完成了这座山的等高线地图。

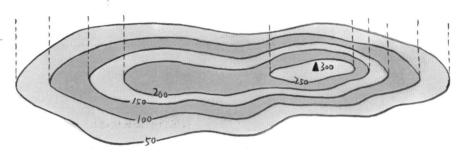

"原来等高线是这么画出来的啊！"鸵鸟哥哥想起上周他和小步一起爬了一座山，他找到了这座山的等高线地图，这座山的海拔是多少呢？你能猜出来吗？_____

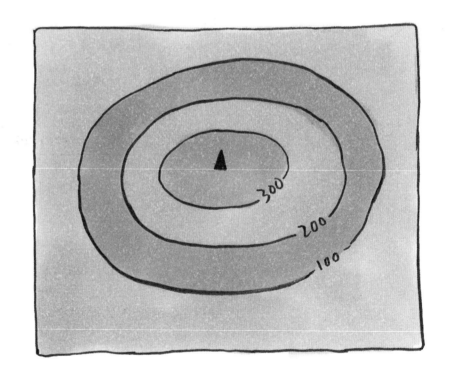

A. 200 米　　B. 380 米　　C. 500 米

小步、大熊猫、小鳄鱼和绵羊老师把自己爬过的山的轮廓画了出来，这些山的形状各不相同，你能试着连连看，找到它们对应的等高线地图吗？

步骤六（有些等高线地图会省略）：
用颜色表示高度。

为了方便一眼看出地形高低的趋势，有些等高线图经常与背景颜色一起表示高度：

1. 海拔上升，颜色会从浅棕色、深棕色到深褐色不断变化；

2. 有常年积雪的地方即出现白色；

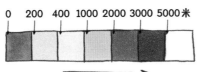

3. 而海拔下降到一定程度常用绿色标注。

按照上图的规则，你能给下面的等高线地图涂上对应的颜色吗？

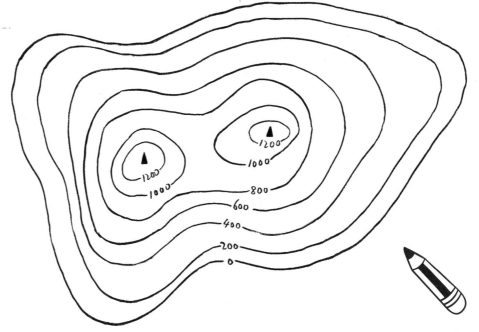

等高线地图中的秘密

小步爸爸说，等高线地图中藏着好多秘密：你能看出哪里是山脊？哪里是山谷？哪里是鞍部吗？

小步在等高线地图中找到了山脊、山谷和鞍部，他还发现了快速找到它们的方法，请你帮他完成填空。

3. 小步说："我发现两个_____的中间是鞍部。"

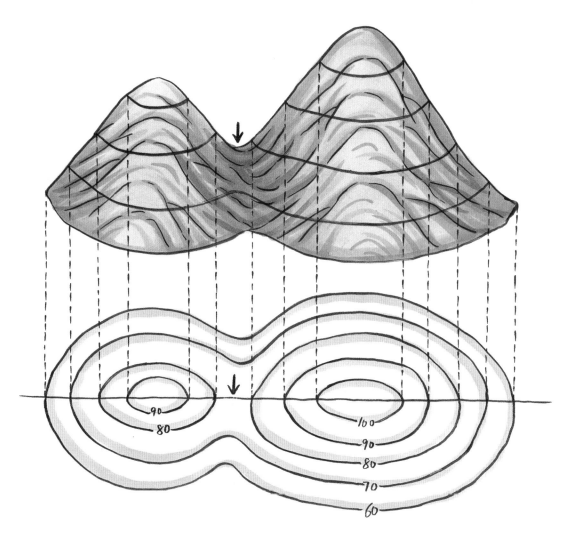

用等高线判断登山路线！

发现了等高线的秘密，用处可多了。小步每年秋天都和绵羊老师去香山赏红叶。去年，他们的线路在下图中是从 C 到 B 再到 A。从 B 到 A 这条路线是沿着香山的山脊还是山谷？

你的答案是：_____。

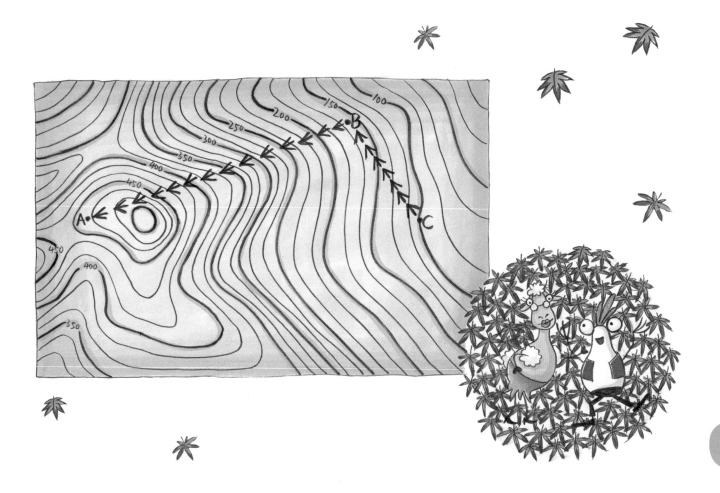

画出登山路线的 高低起伏

小步爸爸说："有了等高线地图，我们就能绘制地形剖面图来展现某一区域高低起伏的地势了。"小步爸爸现在让小步学习画出自己登山路线的高低起伏。你能根据后面的提示，帮他画出来吗？

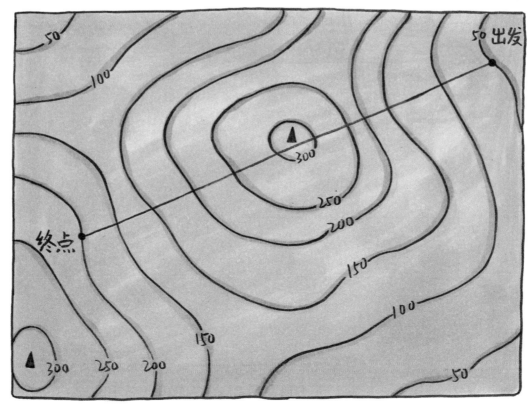

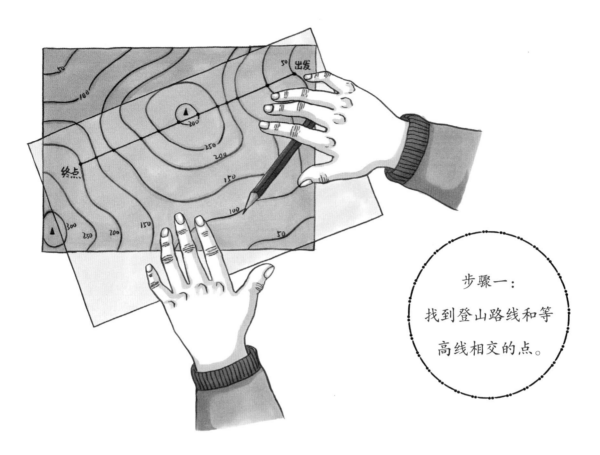

步骤一：
找到登山路线和等高线相交的点。

步骤二：根据最高点和最低点的海拔，以及等高线的高度，画出一个坐标轴放在最左边。

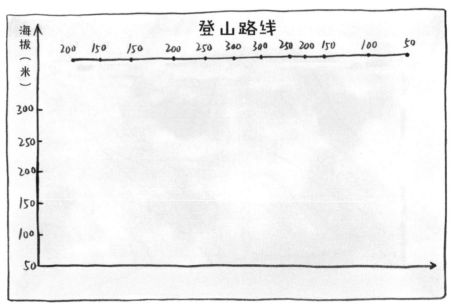

登山路线

海拔（米）

200 150 150 200 250 300 300 250 200 150 100 50

300
250
200
150
100
50

步骤三：确定
登山路线和等高
线相交点中，海拔
最低的点对应的位
置，并找到它在坐
标图当中的位置。

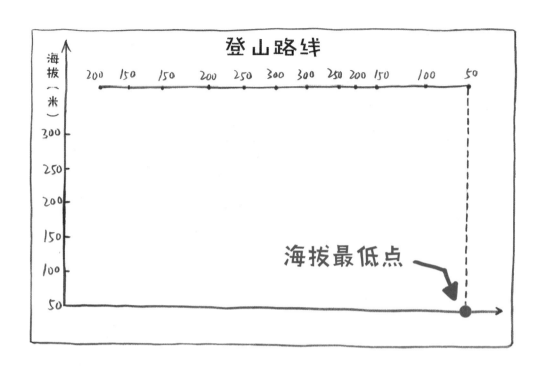

步骤四：确定
其他相交点在坐标
图当中的位置。

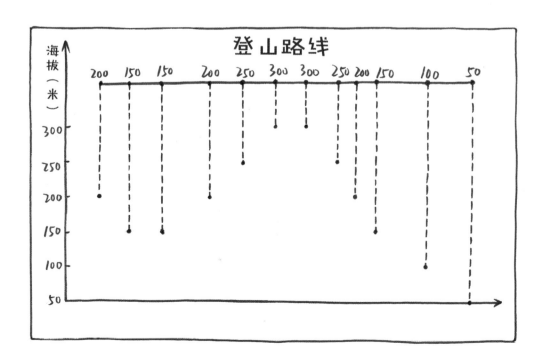

步骤五：把它们连起来就是这条路线的地形剖面图了。

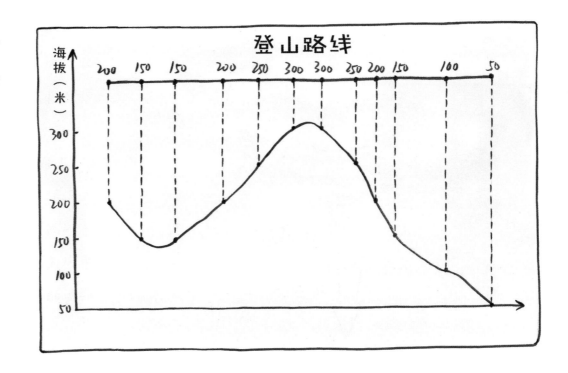

登山路线

这条登山路线的地形剖面图画好了！它能帮助我们更好地观察这里地势起伏的状况。

什么是山脉？

特立独行的山 与成群结队的山

世界上有各种各样的山，在贵州的兴义市，有一片很特别的山。在那里，一座座山拔地而起，像一棵棵大树，每一座山都与其他山有一定距离，既独立又相离不远，它们像树木组成森林那样"站"在一起，所以人们就叫它"万峰林"。

但世界上大多数山更喜欢成群结队地聚在一起，一座紧挨着一座，连绵不断地向一定方向延展，人们把这些连在一起的山叫作"山脉"。

认一认
中国的山脉

中国有很多很多山脉。我们和小步一起来认识一下其中的一些山脉吧！

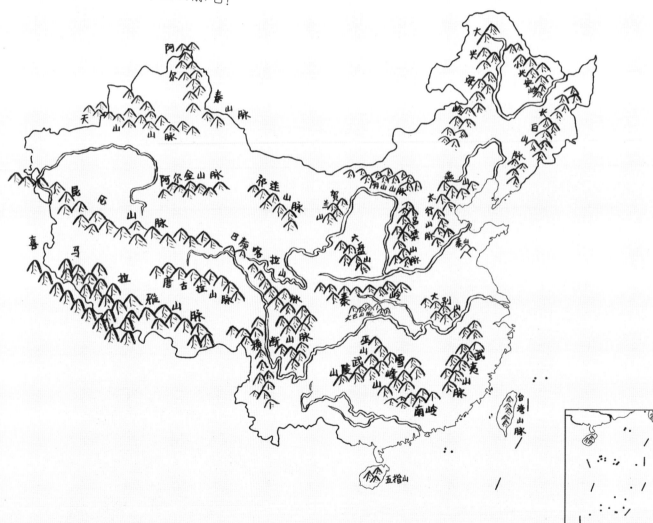

小步在地图的四个方位标上东西南北，把这些山脉分了类，你能帮帮他吗？

1. 用**红色**将东西走向的山脉标出来。

东西走向的山脉：<u>天山山脉、阴山山脉、燕山、昆仑山脉、巴颜喀拉山脉、秦岭、大巴山脉、大别山、南岭。</u>

2. 用**蓝色**将南北走向的山脉标出来。

南北走向的山脉：<u>横断山脉、贺兰山、六盘山。</u>

3. 用**绿色**将东北—西南走向的山脉标出来。

东北—西南走向的山脉：<u>大兴安岭、长白山脉、太行山脉、巫山、武陵山、雪峰山、武夷山脉、阿尔金山脉、台湾山脉、五指山。</u>

4. 用**黄色**将西北—东南走向的山脉标出来。

西北—东南走向的山脉：<u>阿尔泰山脉、祁连山脉。</u>

5. 用**紫色**将弧形山脉标出来。

弧形山脉：<u>喜马拉雅山脉、唐古拉山脉。</u>

海拔大排名

下图中，列举了许多中国境内著名山脉的最高峰海拔高度，请你在表格里填上最高峰高度前五名的山脉。

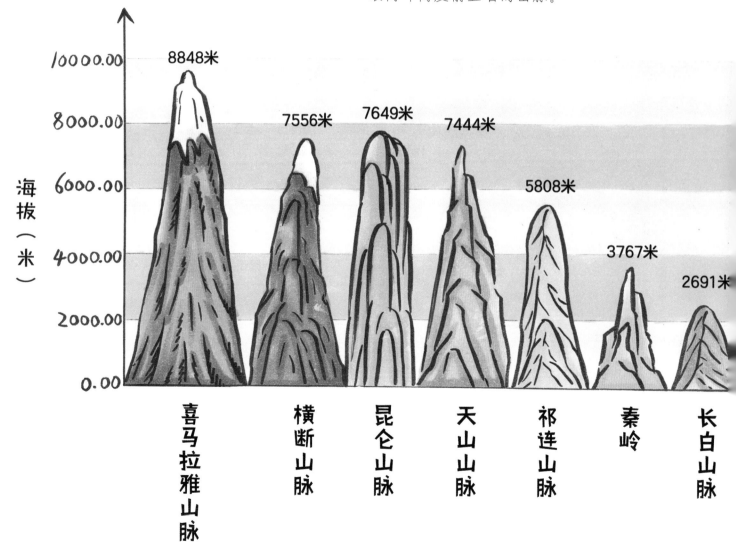

海拔（米）

10000.00
8000.00
6000.00
4000.00
2000.00
0.00

- 喜马拉雅山脉 8848米
- 横断山脉 7556米
- 昆仑山脉 7649米
- 天山山脉 7444米
- 祁连山脉 5808米
- 秦岭 3767米
- 长白山脉 2691米

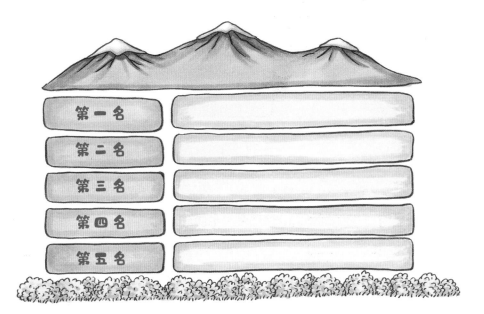

第一名	
第二名	
第三名	
第四名	
第五名	

2142米　2029米

1429米

南岭　大兴安岭　小兴安岭

答案
ANSWERS

第12页

1. 山峰 或 山顶
2. 山腰
3. 山脚

第14页

小鳄鱼爬到了山脊处。

第16页

C

第18页

B

第19页

B

第20页

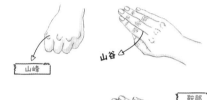

第21页

B

F

D

B

海拔是高出海平面的高度，小鳄鱼没有从海平面量身高。

A

最高的山是 B；
最矮的山是 D；
最平缓的山是 D；
最陡的山是 A。

B

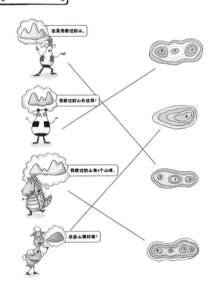

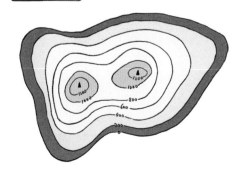

中国地势图

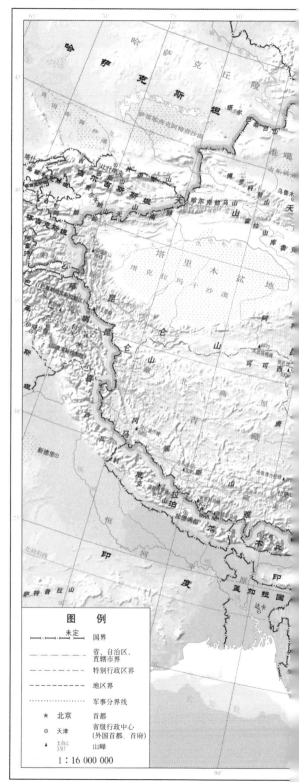

图　例	
├─·─·─┤ 未定	国界
──────	省、自治区、直辖市界
─ ─ ─ ─	特别行政区界
─·─·─·─	地区界
··········	军事分界线
★　北京	首都
◎　天津	省级行政中心 (外国首都、首府)
▲ 太白山 3767	山峰

1 : 16 000 000

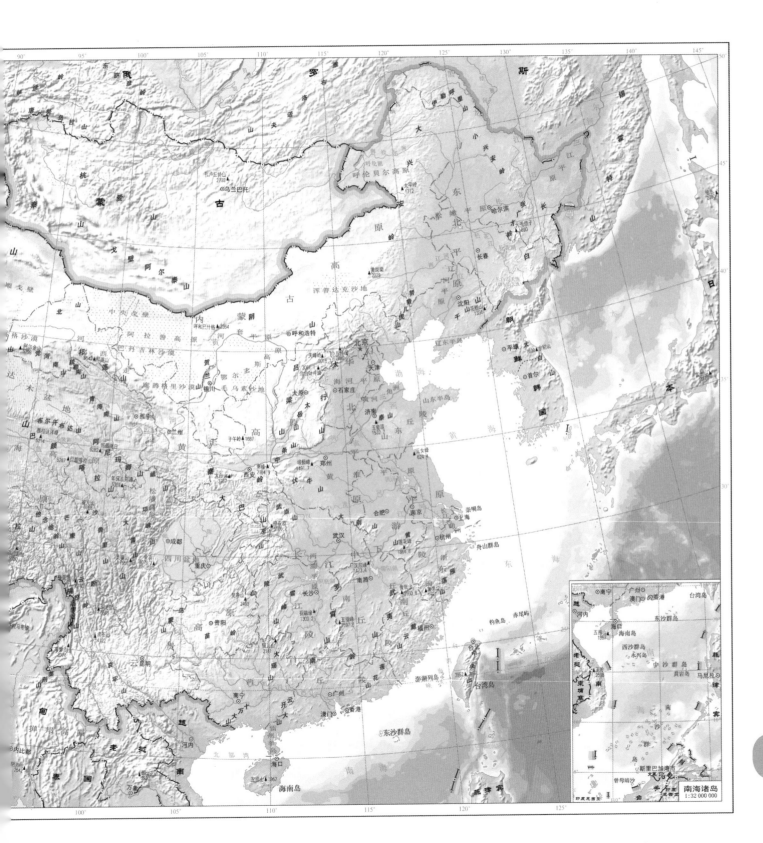

审图号:GS（2022）2722号
此书中第62、68、69页地图已经过审核。

图书在版编目（CIP）数据

这就是山脉 / 郑利强主编 ; 李冉著 ; 段虹，梁顺子绘. -- 北京：电子工业出版社，2022.6
（有趣的地理知识又增加了）
ISBN 978-7-121-42985-9

Ⅰ.①这… Ⅱ.①郑… ②李… ③段… ④梁… Ⅲ.①山脉 – 少儿读物 Ⅳ.①P941.76-49

中国版本图书馆CIP数据核字（2022）第032373号

责任编辑： 季　萌
文字编辑： 邢泽霖
印　　刷： 北京利丰雅高长城印刷有限公司
装　　订： 北京利丰雅高长城印刷有限公司
出版发行： 电子工业出版社
　　　　　 北京市海淀区万寿路173信箱　邮编：100036
开　　本： 889×1194　1/12　　印张：42　字数：213.6千字
版　　次： 2022年6月第1版
印　　次： 2025年2月第3次印刷
定　　价： 198.00元（全8册）

凡所购买电子工业出版社图书有缺损问题，请向购买书店调换。若书店售缺，请与本社发行
部联系，联系及邮购电话：（010）88254888，88258888。
质量投诉请发邮件至zlts@phei.com.cn，盗版侵权举报请发邮件至dbqq@phei.com.cn。
本书咨询联系方式：（010）88254161转1860，jimeng@phei.com.cn。